RECHERCHES EXPÉRIMENTALES

SUR LA

CALORIMÉTRIE HUMAINE

DANS SES RAPPORTS AVEC LA SURFACE DU CORPS

PAR

Le Dr Marcel **MANDOUL**

LYON

LIBRAIRIE HENRI GEORG

36-42, PASSAGE DE L'HÔTEL-DIEU

1902

[illegible]

[illegible]

LITERATURE AND [illegible]

[illegible]

BY

[illegible]

RECHERCHES EXPÉRIMENTALES

SUR LA

CALORIMÉTRIE HUMAINE

DANS SES RAPPORTS AVEC LA SURFACE DU CORPS

Travail du Laboratoire de Physique médicale de la Faculté de Médecine

RECHERCHES EXPÉRIMENTALES

SUR LA

CALORIMÉTRIE HUMAINE

DANS SES RAPPORTS AVEC LA SURFACE DU CORPS

PAR

Le Dr Marcel MANDOUL

LYON

LIBRAIRIE HENRI GEORG

36-42, PASSAGE DE L'HÔTEL-DIEU

1902

INTRODUCTION

———

L'étude de la calorimétrie humaine doit intéresser le médecin autant que le physiologiste.

La régulation de la chaleur est en effet troublée dans nombre d'affections ; et il serait à souhaiter que l'application de la calorimétrie à la clinique permît de recueillir d'importants résultats ; car, le thermomètre qui est le seul instrument utilisé jusqu'à présent, est incapable de fournir des renseignements sur la quantité de chaleur dégagée par un organisme sain ou malade ; le thermomètre ne donne qu'un niveau calorifique et non pas la mesure d'une grandeur. Le calorimètre au contraire fournit la résultante des multiples réactions interstitielles, exothermiques ou endothermiques, dont notre organisme est le siège.

Cette vaste question de la calorimétrie biologique a été depuis quelque temps l'objet des recherches des physiologistes.

Nous ne l'envisagerons ici qu'à un point de vue particulier et assez nouveau, c'est-à-dire dans ses rapports avec la surface du corps humain.

Le sujet de ce travail nous a été inspiré par M. le professeur agrégé Bordier, qui s'est longtemps occupé de la question ; il nous a permis de profiter des ressources du laboratoire de physique médicale, et ne nous a ménagé ni son temps ni ses conseils ; nous lui en exprimons notre plus vive et notre plus sincère gratitude.

M. le professeur Arloing a bien voulu accepter la présidence de notre thèse ; nous lui adressons nos remerciements de l'honneur qu'il nous fait et de la marque d'intérêt qu'il nous apporte.

Après quelques considérations générales sur la calorimétrie biologique, nous exposerons les différentes méthodes de calorimétrie humaine et animale, puis celles permettant d'évaluer la surface du corps de l'homme et des animaux. Enfin, dans un dernier chapitre, nous relaterons les expériences qui nous ont servi à établir le rapport de la radiation calorique avec la surface du corps humain.

RECHERCHES EXPÉRIMENTALES

SUR LA

CALORIMÉTRIE HUMAINE

DANS SES RAPPORTS AVEC LA SURFACE DU CORPS

CHAPITRE PREMIER

CONSIDÉRATIONS GÉNÉRALES SUR LA CALORIMÉTRIE BIOLOGIQUE

La calorimétrie biologique a été instituée par Lavoisier.

Le premier, il a démontré que les animaux vivent en respirant l'oxygène de l'atmosphère, et en produisant de l'acide carbonique, qu'il se fait là une combustion analogue à celle des matières organiques, et, comme celle-ci, produisant de la chaleur.

Son expérience démonstrative, en 1780, fait époque dans la science :

Il place un cobaye dans un calorimètre à glace, mesure la quantité de glace fondue dans l'appareil, la quantité d'acide carbonique qui se dégage et celle d'oxygène consommée, compare ces deux quantités à la chaleur dégagée, assimile le phénomène à la combustion du carbone, et en déduit que la respiration et la combustion sont des phénomènes de même ordre.

C'était, à la fois, la démonstration de cet axiome fondamental de la biologie : la vie est une fonction chimique, et la première expérience de calorimétrie directe. Elle était décisive, malgré les différentes erreurs que comportait l'emploi du calorimètre à glace, en particulier la différence de radiation calorique d'un animal placé dans un milieu à $0°$, et d'un autre se trouvant dans des conditions de température normale.

Mais le sens profond de ces découvertes, de Lavoisier et de Laplace, ne fut pas pénétré immédiatement par leurs contemporains, et il faut attendre quarante ans pour constater un progrès relatif à la calorimétrie animale.

Dulong et Despretz emploient, chacun de leur côté, un calorimètre dont la disposition était la suivante : Un animal était placé dans une double enceinte métallique remplie de liquide, eau ou mercure, la température du liquide étant connue, avant et après l'expérience, ils en déduisent la quantité de chaleur cédée par l'animal. Mais ces expériences ne pouvaient donner aucun renseignement précis sur la radiation calorique de l'animal, dont le poids n'était pas toujours évalué, et c'était surtout pour la mesure des produits gazeux de l'expiration qu'elles avaient été instituées.

Avec les progrès de la chimie, de nouvelles méthodes sont alors introduites dans cette branche de la physiologie : c'est la calorimétrie indirecte, c'est-à-dire la détermination des quantités de chaleur par la mesure des produits de combustion de l'animal. Étant donné, par exemple, qu'un animal de 2 kilogrammes produit en une heure 2 grammes de CO_2, connaissant la chaleur

de formation de ce gaz, soit à partir des éléments, soit
à partir des matières alimentaires ingérées, on en déduit
la quantité de chaleur produite par l'animal.

Regnault, Boussingault, Helmholtz et Barral ont fait
ces expériences, mais nous ne voulons nous occuper
que des mesures de calorimétrie directe.

Il faut arriver à l'époque contemporaine pour retrou-
ver des travaux sur la question : ce sont ceux de
Senator, de Klebs, de Kernig, de Liebermeister, de
Rosenthal, de Wood, dont les méthodes diverses abou-
tirent à des résultats plus ou moins exacts. Nous examinerons, plus loin, ces différents procédés, et nous en
discuterons la valeur.

Plus récemment, le professeur Richet, M. Langlois,
et surtout le professeur d'Arsonval ont fait faire
un grand pas à la question, par l'emploi d'appareils
ingénieux, et par leur excellente critique des conditions
que doit réaliser un calorimètre pour fournir des indications utiles.

Le professeur d'Arsonval, grâce à son anémo-calorimètre, a pu permettre l'application à la clinique des
mesures calorimétriques, et M. Bonniot a exposé, dans
un travail récent, les premiers essais de calorimétrie
clinique.

Mais les expériences sur l'homme sont encore peu
nombreuses, défectueuses en certains points, et sont
loin de répondre au puissant intérêt qu'aurait la détermination exacte de la quantité de chaleur dégagée, soit
à l'état normal, soit dans les nombreuses variations
physiologiques et pathologiques, qui peuvent se produire. De plus, il fallait auparavant fixer un point par-

ticulier de la question, qui permît de préciser les résultats, et de les rendre comparables entre eux : nous voulons parler des rapports de la radiation calorique avec la surface du corps humain.

Le rôle exact de la surface cutanée, en tant que condition déterminant la quantité de chaleur rayonnée, a été étudié en premier lieu, pour les animaux, par le professeur Richet (1884) ; après lui, de nombreux travaux, en particulier ceux de Rubner, ont confirmé que l'intensité des échanges et la radiation calorique sont proportionnelles à la surface cutanée et non au volume du corps.

Chez l'homme, aucune recherche n'a été effectuée pour résoudre expérimentalement ce problème biologique, dont le professeur Bouchard a montré la haute importance. M. le professeur agrégé Bordier a pu, grâce à des appareils précis, entreprendre la solution de ce problème, et a bien voulu nous associer à ses travaux.

Pour arriver à connaître la valeur de ce rapport, il faut effectuer la mesure des deux termes qui le composent. Nous allons donc, en premier lieu, examiner les diverses méthodes de calorimétrie humaine et animale.

CHAPITRE II

EXPOSÉ DES DIVERSES MÉTHODES
DE CALORIMÉTRIE PHYSIOLOGIQUE

La mesure de la chaleur produite par les êtres vivants dans un temps donné peut être faite par deux méthodes différentes :

1" Indirectement, et à l'aide des données thermo-chimiques, par la détermination des combustions et des transformations chimiques accomplies dans un temps donné par l'animal pris en état d'équilibre parfait, c'est-à-dire n'augmentant ni ne diminuant de poids pendant l'expérience.

2° Directement par la mesure calorimétrique de la quantité de chaleur dégagée par l'animal dans des conditions déterminées.

Nous ne nous occuperons ici que des méthodes de calorimétrie directe. Mais avant d'entrer dans le détail de leur exposé, il nous paraît utile d'indiquer, d'après le professeur d'Arsonval. l'ensemble des conditions d'ordre physique et physiologique que doit présenter une méthode parfaite de calorimétrie animale :

1° Il faut, avant tout, que l'animal soit dans un milieu dont la température ne change pas pendant l'expérience. C'est d'abord le seul moyen d'étudier l'action de la température du milieu ambiant sur la thermogénèse, et de pouvoir, en second lieu, faire des expériences comparatives.

2° Le milieu gazeux où respire l'animal, doit avoir une composition constante, mais pouvant varier d'une expérience à l'autre.

3° L'expérience doit pouvoir se poursuivre pendant un temps aussi long qu'on le désire ; on élimine ainsi, soit les causes d'erreur accidentelles, soit les coïncidences heureuses.

4° On doit avoir la certitude de mesurer toute la chaleur dégagée par l'animal, et de ne mesurer qu'elle.

5° On doit pouvoir enregistrer automatiquement et sans correction, les calories dégagées.

Nous verrons, dans l'exposé des principales méthodes utilisées par les physiologistes, combien peu réunissent cet ensemble de conditions, dont l'énumération préalable rendra plus facile, dans chaque cas, la critique de la technique expérimentale suivie.

Dans tous les appareils de calorimétrie biologique, la source de chaleur dont il s'agit de mesurer le pouvoir calorifique est disposée de façon à provoquer des variations thermiques sur un corps convenablement choisi, corps calorimétrique. La mesure exacte de ces variations, ou d'un effet mesurable de ces variations, conduit au résultat cherché.

On peut classer les calorimètres en deux grands groupes : dans le premier sont les calorimètres totalisateurs, c'est-à-dire les appareils protégés contre la radiation extérieure et qui recueillent la totalité de la chaleur émise par l'animal.

Dans le second groupe sont compris les appareils dans lesquels une partie de la chaleur transmise est rayonnée au dehors, quelle que soit la substance calorimétrique employée.

Mais on peut établir une classification plus simple et plus commode en se basant sur la nature même du corps calorimétrique, et sans tenir compte des moyens de mensuration des variations thermiques qu'il éprouve du fait de la source de chaleur.

C'est ainsi que nous passerons en revue les appareils à corps calorimétrique solide, liquide et gazeux.

Le premier calorimètre, celui de Lavoisier et Laplace, que nous avons déjà cité, utilisait la méthode de fusion de la glace pour la mesure des quantités de chaleur. Il se composait de trois enceintes concentriques en cuivre mince; l'intérieure percée de trous recevait l'animal; l'espace compris entre elle et la seconde était rempli de glace pilée dont l'eau de fusion était recueillie à l'aide d'un tube traversant la troisième enceinte dans un vase placé au-dessous. L'espace entre la seconde et la troisième enceinte était lui-même rempli de fragments de glace pour empêcher qu'aucune quantité de chaleur autre que celle dégagée par l'animal, ne soit communiquée à la glace contenue dans l'enceinte moyenne. Toute la chaleur fournie par l'animal est donc employée à faire entrer la glace en fusion; le produit du poids de glace fondue par la chaleur de fusion (79,25 calories) donne la quantité de chaleur dégagée.

Les défectuosités de la méthode sont nombreuses. Au point de vue physique, d'abord, il est difficile et même impossible d'évaluer exactement le poids de la glace fondue ; une quantité d'eau, variable d'ailleurs, est toujours retenue aussi bien entre les fragments de la glace que sur les parois de la seconde enceinte. Cette erreur, inhérente à la méthode, est encore multipliée par le facteur constant 79,25.

Au point de vue physiologique, la méthode est défectueuse :

1° Parce que l'animal est enfermé dans une enceinte confinée dont l'atmosphère se vicie, d'autant plus que l'expérience dure plus longtemps ;

2° Parce que, maintenu immobile dans une enceinte métallique à o degré, l'animal se refroidit considérablement par rayonnement et par conductibilité.

On ne peut donc pas obtenir de résultats précis avec cet appareil.

Les calorimètres modernes sont à corps liquide ou à corps gazeux. Les premiers peuvent se diviser en deux groupes : appareils dans lesquels l'animal ou l'homme est mis directement au contact du liquide ; méthode des bains ; appareils dans lesquels le sujet est séparé du liquide par une enceinte d'air.

Calorimétrie par les bains. — Cette méthode a été utilisée pour l'homme par Liebermeister, puis reprise et perfectionnée par Lefèvre.

Le sujet est plongé dans une baignoire dont on connaît le poids en eau. On note la température du bain et celle du sujet au début et à la fin de l'expérience, et, de ces variations de température, on déduit la chaleur cédée par le sujet en se basant sur les principes suivants :

Méthode du bain froid : Quand un corps susceptible de produire de la chaleur est placé dans un milieu qui lui en emprunte, si sa température reste constante, la quantité de chaleur perdue est égale à celle qu'il produit pendant le même temps. Le résultat s'obtient donc en multipliant le poids de l'eau par sa variation de température.

Méthode du bain à la température du corps : Lorsqu'on plonge un corps de poids connu et de chaleur spécifique donnée dans une masse d'eau ayant une température égale à celle de la source calorifique, la température de celle-ci s'élève par suite de la chaleur qu'elle dégage. La quantité de chaleur produite par le corps est alors égale au produit de trois facteurs : l'élévation de la température du corps, son poids et sa capacité calorifique.

Les critiques dirigées contre cette méthode des bains, tant au point de vue physique qu'au point de vue physiologique, ont été formulées par Winternitz et adoptées par presque tous les auteurs.

D'une part, Liebermeister et ses élèves admettent que chaque point du corps a acquis dans l'unité de temps la même température que l'endroit où le thermomètre est appliqué. Cette hypothèse est toute gratuite et ne saurait tenir contre ce simple fait que deux thermomètres identiques ne donnent pas les mêmes chiffres pour les deux aisselles.

D'autre part, cette méthode, applicable aux animaux aquatiques, place les animaux aériens, et l'homme en particulier, dans un milieu anormal susceptible de modifier profondément et la thermogenèse et la répartition de la chaleur dans les diverses régions, périphérique et centrale, de l'organisme.

La température du corps varie aussi bien dans un bain à 18° où il se refroidit, que dans un bain à sa propre température, où il s'échauffe. Dans les deux cas, la mesure exacte de la température du corps, par l'application du thermomètre dans une région donnée, constitue presque une impossibilité. De plus, la tête du sujet reste hors du bain; on ne tient donc pas compte ni de la chaleur perdue par l'air expiré, ni de celle rayonnée par la tête.

Au point de vue physique, la grande masse d'eau nécessaire pour l'immersion du sujet dans un bain, 200 à 300 litres, rend très difficile l'évaluation exacte de sa température aux différents moments de l'expérience, quelles que soient les précautions prises pour faire le mélange des diverses couches.

L'homogénéité de la température d'une grande masse d'eau n'étant pas assurée, on ne peut compter ni sur son échauffement, ni sur son refroidissement régulier.

Enfin, une faible erreur dans les lectures thermométriques entraîne une erreur considérable dans les résultats, à cause de la grande quantité et de la forte chaleur spécifique de l'eau.

Récemment, cette méthode des bains a été reprise par Lefèvre, qui a réduit au minimum les causes d'erreur, grâce à de notables perfectionnements.

Il utilise pour ses recherches, soit un petit calorimètre constitué par une baignoire contenant 72 litres, dans laquelle l'homme reste accroupi, et ne plonge pas complètement dans le liquide, soit un grand calorimètre de 100 litres de liquide dans lequel le corps plonge entièrement. Il assure l'homogénéité de température à l'aide d'un agitateur convenablement disposé, et augmente la précision des lectures thermométriques à l'aide de thermomètres de grande sensibilité observée avec un viseur.

Cependant, pour que les résultats ne soient pas entachés d'erreur, il faut que, d'une expérience à l'autre, toutes les conditions expérimentales et l'état physiologique du sujet restent comparables.

Ces appareils, à corps calorimétrique liquide, dans lesquels le sujet est séparé de ce liquide par une enceinte d'air, se rapportent à deux types différents :

1° Ceux où la chaleur dégagée est employée à vaporiser le liquide : calorimètre par distillation ou vaporisation ;

2° Ceux où la température initiale est maintenue constante par une source frigorifique : calorimètre par compensation.

La première de ces méthodes a été utilisée par Rosenthal, puis par d'Arsonval, qui a employé comme liquide volatil le chlorure d'éthyle. Le principe de ces calorimètres est facile à comprendre : la chaleur perdue par l'animal est communiquée à un liquide volatil placé dans une enceinte voisine de l'animal et en relation avec une autre enceinte, dont la température est plus basse que celle du liquide. En vertu du principe de la paroi froide, la vapeur va se condenser dans cette dernière enceinte, et il suffit de peser le liquide ainsi distillé pour connaître la chaleur emportée par le passage du liquide à l'état gazeux, à condition de posséder une donnée exacte sur la température à laquelle la distillation s'est produite.

Quant à la méthode calorimétrique par compensation, imaginée par d'Arsonval, elle constitue une méthode de choix, car elle répond aux multiples conditions d'ordre physique et physiologique que nous avons énumérées plus haut.

Le calorimètre est constitué par deux cylindres métalliques concentriques limitant deux cavités : l'une, centrale, reçoit l'animal en expérience ; l'autre, annulaire, est remplie de liquide (eau, pétrole, etc.).

Ce liquide est traversé par un serpentin dont une extrémité est reliée à la source frigorifique (eau à o degré) l'autre extrémité communiquant par un tube de caoutchouc avec un récipient destiné à recevoir l'eau écoulée. Ce tube passe à travers un régulateur d'écoulement actionné par le liquide du calorimètre, et tel que l'écoulement d'eau froide à travers le serpentin commence aussitôt que la température du calorimètre s'élève au-dessus de la température ambiante.

Tout le temps que la température du calorimètre reste constante, l'écoulement d'eau froide est nul ; dès que l'animal est introduit dans l'appareil, l'écoulement commence, d'autant plus rapide que la source de chaleur est plus intense.

Soit t la température constante du calorimètre et de l'enceinte dans lequel il est placé ; si P est le poids d'eau à o degré qui a traversé l'appareil pendant l'expérience, on a comme chaleur dégagée par la source :

$$Q = P \times t$$

Une condition absolue de l'exactitude de la méthode est le maintien à un degré invariable de la température

ambiante. On le réalise : soit en plaçant le calorimètre
dans une enceinte à température constante soit en opérant dans un laboratoire dont la température n'est sou-
mise qu'à des variations très faibles qu'on pourra rendre insignifiantes en environnant le calorimètre d'un
vaste récipient rempli d'eau.

Ce sont évidemment là des appareils très précis,
mais aussi très délicats, et ne pouvant que difficilement
s'appliquer à la calorimétrie humaine.

Le dernier groupe de calorimètres que nous avons à
examiner peut au contraire, permettre cette application, en réalisant toutes les conditions physiques et
physiologiques déterminées par d'Arsonval. Ce sont les
calorimètres à air, dont le principe sera différent suivant que la chaleur cédée au gaz est dissipée dans le
milieu extérieur par rayonnement ou par convection.

Le principe sur lequel reposent les calorimètres à
rayonnement est le suivant : supposons qu'une source
de chaleur quelconque soit enfermée dans un vase
métallique à double paroi l'environnant de toutes parts
Dans la double paroi se trouve une masse d'air communiquant avec l'extérieur par l'intermédiaire d'un
manomètre à air libre. La chaleur dégagée par la source
ne peut se perdre à l'extérieur par rayonnement
qu'après avoir traversé la masse d'air en relation avec
le manomètre; celle-ci s'échauffe jusqu'à ce que la paroi
extérieure du vase rayonne dans l'atmosphère une
quantité de chaleur exactement égale à celle que
dégage la source placée à l'intérieur; à ce moment la
dénivellation produite par l'air du matelas annulaire sur
le liquide du manomètre sera constante, c'est le

moment de l'équilibre, où les pertes sont égales aux gains. Si la source placée dans le vase à double paroi est un animal, il suffira. l'équilibre produit de le remplacer par une source de chaleur connue et réglable à volonté, de manière à obtenir la même dénivellation manométrique.

Mais ce procédé serait loin de fournir ainsi des indications précises ; en effet, toute variation de la pression atmosphérique ou de la température ambiante a un retentissement notable sur le volume de l'air du manchon, et, par suite, sur la pression exercée sur le liquide du manomètre. Il faudrait, pour se mettre à l'abri des erreurs entraînées par ces variations, faire des corrections. D'Arsonval a pensé qu'il valait bien mieux les éviter, ce qu'il a résolu en faisant communiquer l'autre branche du manomètre avec un vase à double paroi semblable au premier et soumis, comme lui, aux mêmes variations simultanées de pression et de température.

Ce deuxième vase est appelé, à cause de sa fonction, le compensateur.

Au lieu d'un vase à double paroi, on peut prendre pour compensateur un récipient fermé quelconque ayant une capacité égale à celle du manchon d'air du calorimètre proprement dit.

Le calorimètre à rayonnement de d'Arsonval peut donc fonctionner comme un véritable appareil différentiel ; en particulier, il pourra être employé pour faire l'étude calorimétrique de deux parties symétriques du corps dans certains états pathologiques, et cette mesure calorimétrique locale remplacerait avantageusement les déterminations thermométriques.

Mais, en général, cet appareil sert à la calorimétrie animale.

D'ailleurs, la même méthode a été appliquée à l'homme par d'Arsonval, qui a ainsi modifié le dispositif :

Deux récipients métalliques de forme cylindrosphérique limitent deux cavités : une intérieure où se place le sujet, et dont la ventilation est assurée par un courant d'air ; la seconde cavité, annulaire, est hermétiquement close et renferme l'air qui sert de corps calorimétrique. Cet air communique avec un tube en U contenant de l'eau, qui sert de manomètre. Le tout est suspendu au plafond par une poulie et équilibré par un contrepoids qui permet de soulever l'appareil. Sa base repose sur un socle muni d'une rainure remplie de liquide, permettant de réaliser une fermeture hydraulique du système.

La dénivellation du manomètre lorsque le liquide est stationnaire, est proportionnelle à la différence des températures et lui sert de mesure.

Si l'on a étalonné préalablement l'appareil à l'aide d'une source de chaleur d'intensité constante et connue, la simple lecture du manomètre servira à la mesure exacte de la chaleur dégagée par le sujet en expérience.

Pour l'inscription des calories dégagées, d'Arsonval a imaginé les deux dispositifs suivants :

a) Le calorimètre et le réservoir compensateur sont reliés respectivement à deux tubes manométriques du même calibre, plongeant dans des vases portés sur les plateaux d'une Roberval. Grâce à des supports, les tubes sont indépendants de la balance. Le fléau porte un levier muni d'une plume qui inscrit son déplacement sur un cylindre enregistreur. On voit que si, avant l'expérience, on a inspiré le liquide jusque vers le milieu des tubes, la balance inscrira la différence de hauteur des deux colonnes manométriques.

b) Le calorimètre et le compensateur, d'ailleurs identiques, sont respectivement reliés à deux cloches métalliques, légères, suspendues aux deux extrémités d'un fléau de balance en équilibre.

Chaque cloche plonge dans un réservoir plein d'eau portant un tube central faisant communiquer l'air des deux cloches avec l'air du calorimètre et du compensateur. Ici aussi, le fléau est muni d'un style inscripteur. Dans ces conditions, si les deux systèmes sont échauffés également, les deux cloches ne cessent pas de se faire équilibre et le fléau ne bouge pas. Si le calorimètre est échauffé par une source de chaleur, l'air se dilate et soulève la cloche correspondante à une hauteur qui sert de mesure à l'échauffement et, par conséquent, à l'intensité de la source.

A ce type de calorimètre différentiel, se rattachent, par leurs dispositions générales et par les procédés de mesure de l'échauffement de l'air, les calorimètres de Rosenthal et de Rübner.

Nous signalerons seulement, comme dispositions spéciales :

1° L'augmentation de la surface rayonnante du cylindre intérieur par de larges lames métalliques, sans contact avec le cylindre extérieur ;

2° Le passage de l'air de ventilation dans un tube métallique traversant l'espace annulaire ;

3° Le mode de compensation obtenu par une série de tubes métalliques communiquant entre eux et placés tout autour du calorimètre.

De plus, pour rendre son appareil indépendant des variations de la température ambiante et rendre possibles des expériences de longue durée, Rübner enferme tout son appareil dans une enceinte isolée de l'air extérieur par un matelas d'eau contenu dans un vaste récipient à double paroi et entouré de feutre mauvais conducteur.

Le professeur Richet a construit, pour les animaux, un calorimètre à rayonnement dans lequel la détermination de la chaleur dégagée est effectuée par la mesure de la dilatation de l'air, sous pression constante.

L'enceinte à double paroi est constituée par un serpentin tubulaire en cuivre, disposé en forme de double hémisphère et articulé par une charnière.

Pour mesurer la dilatation de l'air, l'intérieur du serpentin est relié par un tube de caoutchouc à la partie supérieure d'un flacon hermétiquement clos et rempli de liquide avec un siphon amorcé. La moindre augmentation de pression produite par l'air du tube fera écouler l'eau du siphon, et le volume d'eau écoulée mesurera exactement la dilatation de cet air.

Pour que la pression reste constante, il suffit de ramener constamment l'orifice d'écoulement au niveau exact de l'eau dans le vase clos.

Cette égalité de niveau étant établie au début d'une expérience, on place l'animal sur un support dans l'intérieur du récepteur calorimétrique, et on mesure le volume de l'eau qui s'écoule jusqu'au moment où l'équilibre thermique étant atteint, l'écoulement cesse.

De ce volume, on déduit la chaleur dégagée par l'animal, un titrage préalable ayant déterminé la valeur en calories de 1 centimètre cube d'eau écoulée.

Si le laboratoire n'est pas à une température constante, on tient compte des variations de température extérieure produites pendant l'expérience, en déterminant à l'avance le volume d'eau écoulée, correspondant à une variation de 1 degré.

M. Richet indique, lui-même, deux inconvénients présentés par son appareil : il se fait, dans le récepteur calorimétrique, un milieu artificiel de température notablement supérieure à la température ambiante, et, par conséquent, anormale, dans une certaine mesure.

En second lieu, l'appareil ne peut à aucun moment rétrograder, l'eau, une fois tombée, ne pouvant retourner dans le flacon.

Ces calorimètres, à rayonnement, présentent un ensemble de défectuosité auxquelles on peut, il est vrai, remédier en partie, mais par des expériences préalables, délicates, et par des corrections nécessitant de longs calculs. Quant à l'élévation de température du milieu où est placé l'animal, c'est un défaut inhérent à la méthode ; on peut seulement l'empêcher d'être trop grande et d'exercer sur la thermogenèse une action perturbatrice, soit en donnant des dimensions assez grandes au calorimètre, soit en établissant une ventilation modérée à l'intérieur de l'appareil.

Il n'en est plus de même avec le dernier genre d'appareils qui nous reste à examiner, les calorimètres à convection, dont le type est l'anémo-calorimètre de d'Arsonval.

Cet auteur s'est efforcé de trouver une méthode simple permettant d'aborder la calorimétrie humaine normale et pathologique et la rendant aussi pratique que le thermomètre.

Au lieu d'appareils volumineux et lourds, demandant une durée d'une heure par expérience, il fallait trouver un calorimètre clinique, pouvant remplir les conditions suivantes :

1° Pouvoir s'installer dans une salle d'hôpital ;

2° Etre assez léger pour qu'on puisse le déplacer ;

3° Permettre une mesure rapide de la chaleur dégagée ;

4° Pouvoir s'installer au lit du malade et donner automatiquement des indications continues, sous forme de courbe calorimétrique.

Voici la description, que donne d'Arsonval de son anémo-calorimètre, lequel remplit parfaitement ces multiples conditions : Supposons un homme enfermé dans une espèce de chambre l'isolant du milieu ambiant. L'air peut pénétrer librement par la partie inférieure de cette chambre, et s'échapper par une courte cheminée située à la partie supérieure.

La présence du sujet agit comme une source de chaleur et détermine un tirage d'autant plus actif qu'il dégage plus de chaleur.

En plaçant un anémomètre au-dessus de la cheminée d'appel, le nombre de tours du moulinet, dans l'unité de temps, donne une mesure très exacte de la vitesse du courant d'air et, par suite, de la chaleur dégagée par le sujet.

Ce procédé est d'une sensibilité surprenante et fournit des indications aussi justes que rapides.

On constitue, pour l'homme, un calorimètre simple et léger, en prenant un cylindre d'étoffe, une couverture de laine, de 2 mètres de haut, attaché à un disque de bois de 80 centimètres de diamètre. Ce disque de bois, qui constitue le plafond de la chambre calorimétrique, porte à son centre une cheminée conique ayant 20 centimètres de base et 10 centimètres à la partie supérieure sur 60 à 80 centimètres de hauteur totale.

La partie inférieure reçoit un embout métallique coudé à angle droit sur lequel vient s'adapter l'anémomètre. Trois tiges de bois supportent, au-dessus du sol, le cylindre calorimétrique qui peut ainsi se transporter facilement.

Si l'on veut faire de la calorimétrie clinique sur un malade couché, on transforme son lit en chambre calorimétrique. Il suffit pour cela de recouvrir le dessus du lit d'un plancher en bois, portant la cheminée et son anémomètre, et de clouer tout autour une étoffe qui transforme le lit en cage calorimétrique, en ayant soin de laisser l'air arriver par le pied du lit.

L'anémomètre est constitué par un moulinet très léger portant huit ailettes en aluminium inclinées de 45 degrés sur l'axe de rotation. Le mouvement du moulinet se transmet, à volonté, à un compteur de tours placé plus bas, qu'on embraye au moment voulu.

Ce compteur donne, en mètres, le chemin parcouru par l'air. On a donc ainsi la possibilité de mesurer très

Fig. 1. — Anémo-calorimètre de d'Arsonval avec anémomètre
à contact électrique de J. Richard.

rapidement la vitesse du courant d'air et en même temps le volume d'air qui a traversé l'appareil, c'est-à-dire le coefficient de ventilation.

Trois minutes suffisent pour faire une mesure calorimétrique.

En effet, l'homme pénètre dans l'appareil en soulevant l'étoffe. Au bout de moins d'une minute, le moulinet a pris sa vitesse maxima.

L'observateur enclanche alors le compteur, et le déclanche deux ou trois minutes après, ce qui est largement suffisant pour une expérience.

Il n'y a nullement à s'inquiéter des variations de la température ambiante, qui ne sauraient influencer l'anémomètre. L'instrument tourne, en effet, uniquement sous l'influence de la différence de température entre l'air qui entre et l'air qui sort de l'appareil. Cette différence reste constante pour une même source de chaleur quelle que soit la température initiale de l'air à son entrée dans l'appareil.

Lorsque l'on veut obtenir une mesure continue de la chaleur dégagée, l'anémo-calorimètre se transforme très simplement en calorigraphe à indications continues grâce à l'anémomètre à contact électrique de M. Jules Richard.

Un excentrique placé sur l'axe des ailettes produit un contact chaque fois qu'un tour complet de cette ailette est effectué, de sorte que si l'on relie aux deux bornes de l'anémomètre des fils allant aux pôles d'une source d'électricité, accumulateur ou pile, le circuit est fermé à chaque tour des ailettes, il se fait donc autant de fermetures de circuit qu'il y a de tours effectués par l'anémomètre.

Pour enregistrer ces contacts ainsi que le temps correspondant au nombre de tours, nous avons eu recours à un appareil très ingénieux, inventé aussi par M. Jules Richard, le chronographe totalisateur enregistreur basé sur le principe de l'odographe de Marey.

Il se compose d'un électro-aimant devant lequel est une armature de fer doux qui est attiré chaque fois que le circuit est fermé. Cette armature est fixée à l'extrémité d'un levier qui porte d'autre part une tige à talon et un ressort. Le talon glisse d'un côté sur un plan incliné et entre de l'autre côté dans les dents d'une roue en laiton, qui avance d'une dent à chaque fermeture du circuit. Sur l'axe de cette roue à rochet, est montée une came en forme de limaçon commandant un style muni d'une plume. Cette plume trace à l'encre le diagramme sur une feuille de papier supportée par le cylindre enregistreur automoteur de M. Jules Richard, tournant en fonction du temps. Elle accomplit une ascension complète de la feuille pour cent émissions de courant et retombe ensuite à zéro.

Un amortisseur à liquide empêche la descente trop brusque du style.

La feuille de papier recouvrant le cylindre porte des ordonnées espacées les unes des autres d'une distance telle que la plume rencontre ces ordonnées à des intervalles d'une minute exactement. Le temps, compté sur la ligne des abscisses, est donc ainsi divisé en minutes. Comme le papier porte la ligne horizontale permettant de compter le nombre des impulsions reçues par

la plume, on peut, immédiatement après l'expérience,
connaître le nombre de fermetures et, par suite le
nombre de tours de l'anémomètre. Mais ce nombre ne
renseigne évidemment pas sur la quantité de chaleur
dégagée par le sujet en expérience.

Il faut le comparer au nombre de tours effectués

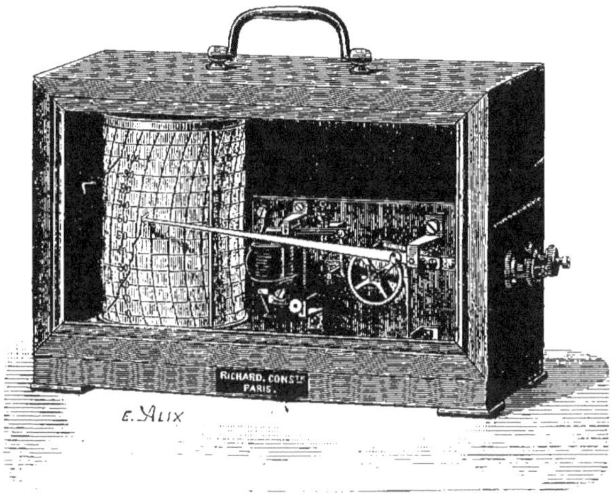

Fig. 2. — Chronographe totalisateur enregisteur de Jules Richard.

sous l'influence d'une source de chaleur connue et
réglable à volonté.

C'est là le point le plus important de la manipula-
tion.

C'est à l'énergie électrique que l'on s'adresse de
préférence pour l'étalonnage du calorimètre.

Mais cette mesure nécessite de grandes précautions
tenant 1° à la forme de la résistance dans laquelle doit
se manifester l'effet Joule ; 2° à la variation du nombre

de tours, pour une même intensité de courant, avec la température ambiante.

La forme de la résistance présentée au passage du courant d'étalonnage par un fil de ferro-nickel a une certaine influence sur le nombre de tours de l'anémomètre : lorsque le fil est échauffé par le courant, il met en mouvement au-dessus de lui une colonne d'air dont la section transversale est à peu près égale à la projection horizontale de l'enroulement du fil.

De sorte que, si l'on considère un fil enroulé sur un cylindre ayant 60 centimètres de génératrice et 25 centimètres de diamètre, la section de la colonne d'air échauffée par convection sera bien différente, suivant que le cylindre sera placé avec l'axe vertical ou avec l'axe horizontal. Et si l'on examine le nombre de tours de l'anémomètre, pour une même intensité traversant le fil résistant, on trouve que ce nombre diffère suivant l'orientation de l'axe du cylindre autour duquel est enroulé le fil.

Voici les nombres trouvés dans une expérience et qui montrent bien l'importance de la section de la colonne d'air échauffée.

Intensité	Nombre de tours de l'anémomètre	
Ampères	Cylindre vertical	Cylindre horizontal
2, 5	113 tours	106 tours

Ce résultat s'explique facilement ainsi d'après M. Bordier : ce que la colonne ascendante d'air chaud perd en section, elle le gagne en vitesse, lorsque d'horizontal le cylindre devient vertical.

Ces chiffres montrent que, pour étalonner le calorimètre, il faut que la section de l'air échauffé par le fil
traversé par le courant soit à peu près de la grandeur
de la colonne gazeuze mise en mouvement par la chaleur du corps humain. Pour réaliser autant que pos-
sible ces conditions, nous avons enroulé un fil de ferro-
nickel fin sur une corbeille en osier cylindrique ayant
une longueur de 45 centimètres et un diamètre de 25 centimètres. Elle était placée horizontalement sous la
guérite, à $1^m,50$ du sol, ce qui représente les conditions moyennes de grandeur et la position des épaules
d'un homme debout.

Quant à la cause d'erreur provenant des variations
de la température ambiante, nous avons opéré ainsi
pour l'éviter.

On commence par déterminer le nombre de tours de
l'anémomètre quand un sujet est placé dans l'appareil.

Pour cela, on ferme le circuit d'un accumulateur
dont le courant passe dans l'anémomètre et dans l'odo
graphe; avant de faire appuyer le style sur le papier,
on attend que le mouvement des ailettes soit régulier,
ce que l'on reconnaît facilement par les claquements
de l'électro-aimant. Quand un régime régulier est éta-
bli, on laisse l'inscription se faire pendant trois minutes. On compte sur le papier le nombre de tours que
l'on divise par trois pour avoir le nombre de tours à la
minute. On remplace alors le sujet par le cylindre
supportant le fil résistant, que l'on place horizontalement. On fait passer le courant dont on règle l'intensité à l'aide d'un rhéostat situé loin de l'anémomètre.
On s'arrange, en tâtonnant, à ce que le nombre de

tours soit un peu inférieur à celui trouvé pour le sujet, et on note l'intensité et le nombre de tours.

Puis, on fait une seconde expérience en prenant un courant plus fort, tel que le nombre de tours soit un peu supérieur à celui trouvé pour le sujet, et on note de même l'intensité. On calcule alors la quantité de chaleur correspondant aux deux expériences, grâce à la loi de Joule :

$$ Q = \frac{1}{4,17} \times R \times I^2 $$

On obtient ainsi la quantité de chaleur fournie par le courant, exprimée en petites calories par seconde.

Il suffit de multiplier par 3600 pour avoir le nombre de calories dégagées en une heure.

On prend alors une feuille de papier millimétrique quadrillé, et on porte en ordonnées les tours de l'anémomètre et en abscisses les quantités de chaleur ; on obtient ainsi deux points que l'on réunit par une ligne droite. Si les intensités ont été prises, de telle façon que les nombres relevés sur l'odographe soient de part et d'autre très voisins de celui trouvé pour le sujet en expérience, il suffit de chercher le point où la ligne droite qui vient d'être tracée est rencontrée par l'abscisse correspondant au nombre de tours du sujet, et l'on a immédiatement la quantité de calories dégagées en une heure par celui-ci.

On peut opérer de même avec plusieurs sujets, ou établir la courbe avec sept ou huit points.

La résistance du fil de ferro-nickel employé était de 12,3 : la formule devient donc ;

$$Q = 0,24 \times 12,3 \times 3600 \times I^2$$
$$\text{ou } Q = 10.627,2 \times I^2$$

On voit donc que les calculs sont très simplifiés et se ramènent à quelques multiplications.

Telle est, ainsi détaillée, la méthode dont nous nous sommes servi pour déterminer la radiation calorique de l'homme ; nous indiquerons, dans le dernier chapitre, les résultats qu'elle nous a fournis.

Nous ajouterons seulement que, grâce aux appareils perfectionnés du professeur d'Arsonval et de M. Jules Richard, cette méthode réunit toutes les conditions physiques et physiologiques désirables, qu'elle est simple, rapide et, de plus, susceptible d'applications cliniques.

Elle peut, en effet, donner sur les oscillations normales et pathologiques de la thermogenèse humaine des indications presque aussi rapides et bien autrement précises que la thermométrie.

Seule, ainsi que l'a dit le professeur Bouchard, elle permettra de trancher la question si discutée de la pathogénie de la fièvre.

CHAPITRE III

EXPOSÉ DES DIVERSES MÉTHODES PERMETTANT D'ÉVALUER LA SURFACE DU CORPS DE L'HOMME ET DES ANIMAUX

Nous venons de passer en revue les différentes méthodes employées par les physiologistes pour mesurer la radiation calorique de l'être vivant ; c'est là le premier terme du rapport que nous voulons déterminer. Il nous reste à en évaluer le second terme, c'est-à-dire la surface du corps humain. Là encore, nous nous sommes trouvé en présence de nombreux procédés, très différents les uns des autres et, pour la plupart, empreints d'un réel empirisme.

La mesure de la surface du corps de l'homme et des animaux a toujours été effectuée en vue de ses rapports avec la radiation calorique, surtout depuis que les recherches de Richet ont montré le rôle exact de cet élément statique, en tant que condition déterminant la quantité de chaleur rayonnée. La difficulté de la mesure directe de cette surface a d'abord réduit les physiologistes à adopter des formules empiriques.

C'est ainsi que la plupart des auteurs ont d'abord employé la formule que Meeh a établie, en 1893, en fonction du poids du corps :

$$S = K \sqrt[3]{P^2}$$

et dans lesquelles K est un coefficient égal à 12,3 pour l'adulte et à 11,97 pour l'enfant.

Mais le rapport de la surface au poids d'un corps n'est régi par des formules simples qu'autant que ce corps a une forme géométrique simple, sphère, cylindre, etc. ; or, il est loin d'en être ainsi pour l'homme et les animaux, et la formule empirique de Meeh, si elle a pour elle sa simplicité, ne peut évidemment pas donner une idée exacte de la surface du corps humain.

Le professeur Richet et M. Langlois ont employé pour cette mesure une autre méthode, d'ailleurs tout aussi empirique et tout aussi défectueuse, comme ils l'ont eux-mêmes reconnu.

M. Richet a supposé que les animaux représentaient des sphères géométriques parfaites, et que, par conséquent, leurs surfaces croissaient avec le carré du rayon. Or, P étant le poids de l'animal, son rayon sera $\sqrt[3]{\dfrac{P}{4}}$, avec grande approximation ; on calculera ensuite facilement la surface à l'aide de la formule : $S = 4 \pi R^2$.

Il est évident que cette méthode ne présente aucun caractère d'exactitude, et qu'il est très audacieux d'assimiler à une sphère parfaite le corps d'un animal, et surtout celui d'un enfant comme l'a fait M. Langlois. D'ailleurs, ces auteurs ont fort bien reconnu qu'il est fort loin d'en être ainsi, et que l'on n'obtient par cette formule qu'un nombre pouvant tout au plus renesigner sur l'ordre de grandeur de la surface du corps.

Un simple calcul montre bien en effet l'inexactitude des résultats fournis par cette méthode empirique : pour un même animal, la formule de Meeh donne un nombre de centimètres carrés double de celui déduit du calcul de Richet. C'est, qu'en effet, pour de petites sphères, les inégalités de la surface — et elles sont nombreuses chez tout animal — sont plus importantes que les inégalités de surface d'une sphère volumineuse.

Le professeur Bouchard a contrôlé l'exactitude de la formule de Meeh par des mesures directes, et il a trouvé que, si elle est exacte pour l'homme très maigre, elle s'éloigne beaucoup de la vérité quand on l'applique à des individus de corpulence moyenne ou forte, et qu'elle est inexacte pour la femme.

Aussi a-t-il substitué à cette formule empirique une autre formule qui tient compte du poids et de la taille ; il assimile la surface du corps à celle d'un cylindre qui aurait pour volume le volume du corps sensiblement égal à son poids et, pour hauteur, la taille. La formule géométrique qui donne cette surface est :

$$2 \left(\frac{P}{H} + \pi H \sqrt[2]{\frac{P}{\pi H}} \right)$$

Ayant remarqué que cette formule nécessite les corrections, le professeur Bouchard a essayé une mesure directe de la surface cutanée en dessinant sur la peau de petites figures géométriques régulières, rectangles et triangles ; on calcule séparément la surface, supposée plane, de toutes ces figures, et on en fait la somme. Mais cette mesure exige au moins trois heures et, de plus, elle donne une valeur trop petite, car ces différentes figures sont considérées comme planes, alors que la peau est le plus souvent convexe.

Aussi, Bouchard s'est-il finalement arrêté au procédé mathématique suivant : il compare le corps à un cylindre dont on calcule la surface latérale. Pour cela, il a pris trois cylindres dont les surfaces latérales se calculent ainsi :

Le premier a pour circonférence le tour de taille C, et pour hauteur, la taille H. Le second a pour hauteur le quotient du poids, supposé égal au volume, par la base B du cylindre.

Le troisième a pour hauteur la taille H du sujet; quant au rayon de la base, on le déduit de la formule : $\pi r^2 = \dfrac{P}{H}$. Ce quotient du poids en kilogrammes, par la taille en décimètres, représentant le degré de corpulence du sujet : d'où $r = \sqrt{\dfrac{P}{\pi H}}$, et la surface totale du cylindre devient :

$$S = H\,2\,\pi\,\sqrt{\dfrac{P}{\pi H}}.$$

En affectant chacune de ces surfaces d'un coefficient variable avec le poids du sujet et sa taille, Bouchard arrive à la formule générale :

$$S = \alpha\,C\,H + \beta\,4\,\pi\,\dfrac{P}{c} + \gamma\,2\,\pi\,H\,\sqrt{\dfrac{P}{\pi H}}.$$

Pour l'homme normal moyen :

$$\dfrac{P}{H} = 4.2\,;\ \alpha = 0,48\,;\ \beta = 8,33\,;\ \gamma = 3,47.$$

On comprend facilement que ces formules, nécessitant des calculs assez longs et des corrections variables avec le sexe et le degré de corpulence, ne peuvent être appliquées aux recherches cliniques ; tout au plus, peuvent-elles servir aux recherches physiologiques, et encore leur approximation est-elle nécessairement insuffisante.

Nous en dirons autant de la méthode de MM. Bergonié et Sigalas, basée sur l'habillage complet du corps par un tissu adhérent instantanément, diachylon ou sparadrap des pharmacies. Ces auteurs recouvrent la surface du corps du sujet avec des bandes de 2 décimètres de largeur, puis mesurent la longueur employée, et la multiplient par 2, ce qui donne le nombre de décimètres carrés de la surface du corps.

Nous ferons à ce procédé les mêmes critiques qu'aux précédents ; il est très long, exigeant un minimum de dix heures, peu pratique, et en outre, malgré ses apparences d'exactitude, il entraîne des erreurs inévitables, car, dans les régions arrondies comme l'épaule, le cou, le sparadrap ne peut pas exactement s'appliquer.

Une méthode pratique de détermination de la surface cutanée restait donc encore à trouver ; cette méthode à la fois rapide, exacte et applicable à la clinique, M. le professeur Bordier l'a réalisée, grâce à son ingénieux appareil, l'intégrateur de surfaces, qui fournit par une simple lecture la valeur de la surface totale du corps.

Voici la description que M. Bordier a donnée de son appareil : supposons un cylindre porté par un manche, et dont on connaît la longueur ainsi que la circonférence, si on l'enduit d'un liquide coloré adhérent à la peau, et si on le passe sur les différents segments du corps en faisant des tours successifs et juxtaposés, il suffira de savoir combien de tours le cylindre a fait pendant cette opération pour avoir la surface du corps. Il faut seulement avoir soin que la tangence du rou-

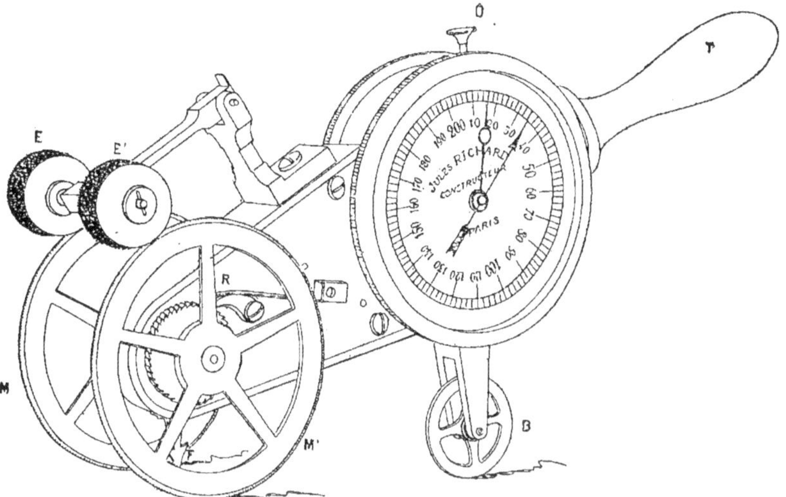

Fig. 3. — Intégrateur de surfaces de M. le Professeur agrégé Bordier.

leau avec la peau se fasse toujours suivant une génératrice fixe.

L'intégrateur de surfaces est réduit à deux zones ou molettes enduites d'encre colorée au moyen de deux galets encreurs. L'écartement des molettes est de 3 centimètres, leur diamètre de 53 millimètres.

Le mode opératoire est très simple: sur une région comme le tronc, on n'a qu'à appliquer les molettes et à pousser l'appareil de bas en haut par exemple ; puis on revient en bas et on juxtapose la surface que va maintenant recouvrir l'intégrateur à celle déjà recouverte en faisant coïncider la trajectoire de la molette située vers la surface recouverte avec le trait coloré que l'autre molette vient de tracer sur la peau.

Pour les membres, on en fait successivement le tour jusqu'à ce quil ait été pour ainsi dire recouvert par le cylindre virtuel que décrit l'intégrateur et représenté seulement pas ses deux bases. Pour que ce cylindre virtuel touche la peau toujours par une génératrice fixe, l'axe porte une flèche que l'on doit maintenir normale à la surface cutanée. La surface recouverte en un tour des molettes est de 5o centimètres carrés ; elle es enregistrée sur un compteur. Une vis sans fin placée sur l'axe des molettes fait tourner une roue à vis sans fin qui transmet le mouvement à deux aiguilles, une grande et une petite, se déplaçant sur un cadran gradué. Celui-ci porte 100 divisions : la valeur des divisions pour la grande aiguille est de 2 centimètres carrés et pour la petite de 2 décimètres carrés. La valeur d'un tour de la grande aiguille est de 200 centimètres carrés, et la valeur d'un tour de la petite est de 2 mètres carrés. Le rapport des engrenages entre les molettes et la grande aiguille est de 1 à 4 ; entre les deux aiguilles de 1 à 10. Telles sont les constantes de l'appareil.

Il en résulte donc que la petite aiguille indique en décimètres carrés la valeur de la surface recouverte, et la grande aiguille indique les centimètres carrés. Si l'appareil part de zéro au commencement d'une opé-

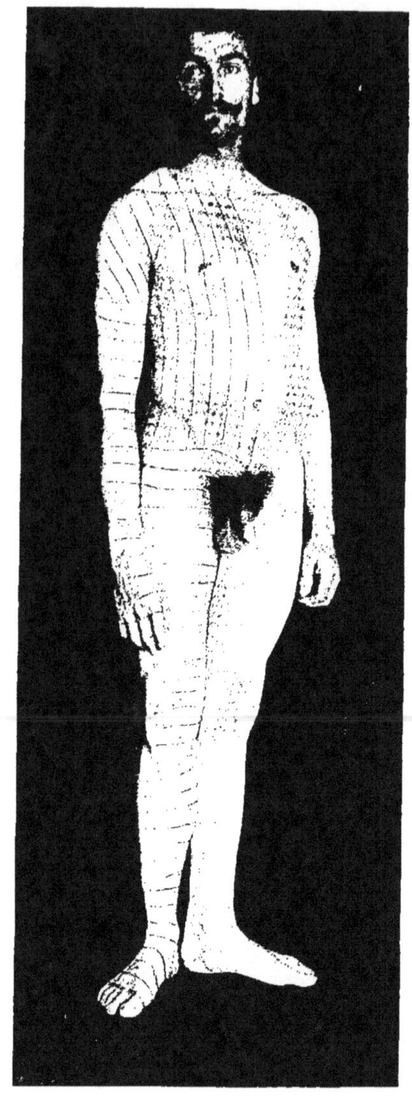

Fɪɢ. 4. — Photographie d'un sujet mensuré.

ration, il suffit donc de lire les nombres placés en face de chaque aiguille pour connaître immédiatement la valeur de la surface mesurée. Les mollettes ne tournent que lorsqu'on pousse l'appareil en avant. Un bouton permet de remettre les aiguilles au zéro.

Il est inutile de passer l'appareil sur tout le corps d'un sujet, pour en obtenir la surface; il suffit de recouvrir une jambe, un bras, et la moitié du tronc, antérieure et postérieure, jusqu'à la naissance de la tête, au-dessus du cou.

La ligne médiane du tronc est très facile à tracer avec l'appareil lui-même, en appliquant une des mollettes suivant la ligne passant au niveau des apophyses épineuses d'une part, et au niveau du pubis, de l'ombilic et de la saillie thyroïdienne, d'autre part. En doublant le nombre lu sur l'intégrateur, on a la surface du corps entier, moins la tête, que l'on calcule d'une façon spéciale.

Le temps nécessaire pour passer l'appareil sur la moitié du corps est très court; il faut environ quinze à vingt minutes, durée relativement très faible. surtout si on la compare à celle nécessitée par les autres méthodes.

Quant à la surface de la tête, on est obligé de la calculer.

M. Bordier admet que la tête équivaut à une sphère dont la circonférence d'un grand cercle serait la moyenne des circonférences mesurées en appliquant un ruban métrique : 1° sous le plancher de la bouche, près du larynx et passant par l'orifice du conduit auditif externe et par le sommet de la tête ; 2° suivant le diamètre occipito-frontal, soit C_1 et C_2 les circonférences trouvées, la moyenne est ;

$$C = \frac{C + C_2}{2}$$

et l'on a :

$$2 \pi R = C ;$$

d'où

$$R = \frac{C}{2 \pi}$$

or,

$$S = 4 \pi R^2$$

d'où, en remplaçant R par sa valeur,

$$S = 4 \pi \frac{C^2}{4 \pi^2} = \frac{C^2}{\pi}.$$

Quoique l'on suppose ainsi que la tête est comme isolée du tronc, la surface en surplus qui correspond au cercle suivant lequel la tête et le cou se confondent, peut être aussi considérée comme étant compensée par les nombreuses saillies qui se trouvent sur la figure, nez, menton, arcades sourcilières, etc... D'ailleurs, en opérant de la même façon pour tous les sujets, les erreurs, s'il y en a, sont communes, et perdent alors de leur importance.

Une simple expérience démontre combien les résultats fournis par l'intégrateur de surfaces se rapprochent d'une exactitude rigoureuse : en mesurant séparément la moitié droite et la moitié gauche du corps d'un sujet, on obtient deux nombres qui diffèrent d'un tiers de décimètrecarré ; c'est là une approximation largement suffisante pour les mesures de cette difficulté.

2° L'appareil de M. le professeur Bordier réalise donc un grand progrès dans les méthodes de détermination des surfaces. Il permet en effet une mesure facile, exacte et rapide de la surface cutanée, et il est susceptible d'applications cliniques. De plus par la mesure des deux moitiés du thorax, séparément et comparativement, et par celle de la surface de l'abdomen, il peut rendre de grands services en clinique pour suivre l'évolution des épanchements tels que ceux de la pleurésie et de l'ascite.

C'est cette méthode que nous avons employée pour la mesure de la surface du corps humain, dont nous voulons établir le rapport avec la radiation calorique. Nous allons maintenant, dans un dernier chapitre, décrire les expériences qui nous ont conduit à la détermination de ce rapport.

CHAPITRE IV

MESURE EXPÉRIMENTALE DU RAPPORT EXISTANT ENTRE LA RADIATION CALORIQUE ET LA SURFACE DU CORPS HUMAIN

Depuis les travaux du professeur Richet, tous les physiologistes admettent qu'il faut rapporter la quantité de chaleur dégagée et par conséquent produite par un animal, non pas à son poids, comme on le faisait autrefois, mais bien à la surface de son corps.

Cependant, aucune recherche précise de la relation existant chez l'homme entre ces deux nombres n'avait été faite jusqu'alors. Aussi avons-nous cherché à déterminer expérimentalement la valeur de ce rapport.

Nous avons fait plusieurs séries d'expériences : une première en juillet sur 9 sujets, une seconde en octobre, sur 3 autres, et enfin une troisième série, également en octobre, sur 4 individus. Ces dix sujets étaient des militaires, que nous pouvions facilement nous procurer, nous les avons choisis pour plusieurs raisons : 1° la nourriture de ces soldats était exactement la même; 2° leur habillement était également identique, toutes conditions qu'il est difficile de réaliser chez des civils.

En outre, les mesures calorimétriques ont été effectuées pour chaque série au même moment de la journée.

Voici les résultats que nous avons obtenus à l'aide des méthodes décrites plus haut :

Première série : Expériences faites en juillet 1901. la température extérieure étant de 24 degrés :

> Sujet 1 . . . . 117 tours par minute.
> — 2 . . . 109 —
> — 3 . . . 108 —

Étalonnage de l'anémo-calorimètre :

102 tours par minute sont obtenus avec une intensité de 2,4 ampères, ce qui donne comme valeur de la quantité de chaleur dégagée :

$$Q = 10.627 \times \overline{2,4}^2 = 61.212 \text{ petites calories par heure.}$$

Avec une intensité de 2,8 ampères, on obtient 120 tours.

$$Q = 10.627 \times \overline{2,8}^2 = 83.217 \text{ petites calories par heure.}$$

Les nombres 102 et 120 étant peu éloignée, on peut admettre la proportionnalité parfaite et utiliser la ligne droite construite avec les deux points obtenus.

On trouve ainsi, sur la courbe d'étalonnage, les valeurs suivantes pour les quantités de chaleur dégagées par les trois sujets :

> Sujet 1 . . . . 80 grandes calories-heure.
> — 2 . . . 70 —
> — 3 . . . 69 —

Voyons maintenant les résultats des mesures de surfaces effectuées d'après la technique exposée ; nous donnerons, en outre, pour chaque sujet, les principales coordonnée statiques, taille, poids, tour de taille et corpulence, ou quotient du poids par la taille exprimée en décimètres :

Sujets	Taille.	Poids.	Tour de taille.	Corpulence.	Surface.
	Mètres	Ki ogr.	Centim.		Heures.
I	1,75	80	84	4,5	194,45
2	1,66	70	66	4,2	100,67
3	1,65	60	78	3,6	167,17

La deuxième série d'expériences faites en octobre sur trois sujets, par une température extérieure de 14 degrés, a donné les résultats suivants :

Sujet 4 . . . . . . 100 tours par minute.
— 5 . . . . . 94 —
— 6 . . . . . 98 —

Etalonnage de l'anémo-calorimètre :

90 tours sont obtenus avec 2 ampères ; la quantité de chaleur correspondante est

$$Q_1 = 42,5 \text{ granules calories-heure.}$$

100 tours sont obtenus avec 2,5 ampères, ce qui correspond à :

$$Q_2 = 58,4 \text{ granules calories-heure.}$$

En construisant une courbe avec ces deux points, on obtient pour les quantités de chaleur dégagées par les trois sujets :

Sujet 4 . . 58,4 grandes calories-heure.
— 5 . . 49,1 —
— 6 . . 55,5 —

Voici, d'autre part, leurs coordonnées statiques :

Sujets.	Taille.	Poids.	Tour de taille.	Corpulence.	Surface.
	Mètres.	Kilogr.	Centim.		Décim. carrés.
4	1,62	73	86	4,5	176,50
5	1,63	58	75	3,5	162,44
6	1,60	61	76	3,8	171,84

Enfin, la troisième série d'expériences, faite également en octobre à une température de 14 degrés, a porté sur quatre sujets ; en voici les résultats :

Sujet 7 . . . . . 97 tours par minute.
— 8 . . . . 100 —
— 9 . . . . 108 —
— 10 . . . . 110 —

Étalonnage de l'anémo-calorimètre :
96 tours sont obtenus avec 2,2 ampères ; la quantité de chaleur correspondante est :

$$Q_1 = 51,4 \text{ grandes calories-heure.}$$

110 tours sont obtenus avec 2 ampères 15, ce qui correspond à :

$$Q_2 = 66,4 \text{ grandes calories-heure.}$$

La courbe construite avec ces deux points donne comme quantités de chaleur correspondant à chaque sujet :

Sujet 7 . . 52,4 grandes calories-heure.
 — 8 . . 55,4   —
 — 9 . . 64   —
 — 10 . . 66,4   —

Les coordonnées statiques de ces quatre sujets sont, d'autre part :

Sujets	Taille	Poids	Tour de taille	Corpulence	Surface
	mil	Kgr.	cent.		dem.²
7	1,59	60	76	3,71	156,23
8	1,60	61,500	73	3,84	175,83
9	1,70	66,500	80	3,92	180,72
10	1,74	70	82	4,02	193,44

On voit, par ces différents tableaux, que la taille aussi bien que le poids de ces dix individus varient dans d'assez grandes limites.

Le point important était qu'ils se trouvent dans des conditions à peu près identiques au point de vue de leur radiation calorique, et c'est ce que nous avons cherché à réaliser, ainsi qu'il a été dit plus haut.

Il était intéressant de rechercher à combien d'unités de surface correspond l'unité de poids pour les différents sujets examinés. Le quotient du nombre de décimètres carrés par le nombre de kilogrammes, nous a donné les résultats suivants :

Sujets	Quotient $\frac{S}{P}$
1.	2,4
2.	2,4
3.	2,7

Sujets	Quotient $\frac{S}{P}$
4.	2,4
5.	2,8
6.	2,8
7.	2,6
8.	2,8
9.	2,7
10.	2,7

Ce tableau montre qu'à chaque kilogramme d'homme correspond une surface moyenne d'environ 260 centimètres carrés.

La constance de ce rapport que nos mesures mettent ainsi en évidence nous semble très importante à noter.

Nous sommes maintenant en possession des éléments nécessaires à la solution du problème qui nous occupe ; il suffit de faire le quotient de la quantité de chaleur dégagée par la surface trouvée pour chaque individu.

Nous examinerons séparément les résultats de chaque série, car les déterminations calorimétriques ont été faites en des saisons différentes, juillet et octobre, par conséquent à des moments où la radiation calorique n'est pas identique, même pour un sujet donné.

Première série :

Sujets	Rapport $\frac{Q}{S}$
1.	0,41
2.	0,40
3.	0,41

Deuxième série :

Sujets	Rapport $\dfrac{Q}{S}$
—	—
4	o,33
5	o,3o
6	o,32

Troisième série :

Sujets	Rapport $\dfrac{Q}{S}$
—	—
7	o,33
8	o,32
9	o,35
10	o,34

Ces nombres sont très voisins les uns des autres dans chaque série ; ceux de la première série, où le rapport $\dfrac{Q}{S}$ correspond à o calorie 4 par décimètre carré, sont plus forts que ceux des deux autres ; mais on peut expliquer de la façon suivante ce résultat : l'organisme doit chercher à se débarrasser plus activement à 24 degrés qu'à 14 degrés de la chaleur produite par ses réactions interstitielles. Nous rayonnons moins par unité de surface à une température basse, parce que nous n'avons pas un aussi grand besoin qu'en été de perdre de la chaleur. Ce raisonnement semble cependant contredire la loi que Newton a ainsi formulée : la quantité de chaleur perdue par un corps est proportionnelle à l'excès de la température sur celle du milieu ambiant, autrement dit :

$$Q = KS\,(T - t)$$

K étant un coefficient variant de 11 à 13 et S la surface rayonnante du corps.

Et, en effet, beaucoup d'auteurs ont admis que la loi de Newton ne s'appliquait pas aux animaux à sang chaud.

Mais il n'y a là qu'une contradiction apparente, résultant d'une fausse interprétation des termes de la différence $T - t$.

En effet, c'est par notre surface cutanée que se fait la déperdition de chaleur dans le monde extérieur ; par conséquent, T doit être pris comme valeur moyenne des températures locales périphériques, et non comme représentant la température centrale du corps, laquelle est à peu près constante et égale à $37°5$.

Ainsi comprise, la valeur de T diminuera proportionnellement à t, température extérieure.

En hiver, par une température de o degré par exemple, un thermomètre placé sur le nez, les oreilles, les mains, ou les extrémités inférieures, indiquera une température très basse, dont l'excès sur la température ambiante sera seulement de quelques degrés.

La valeur de Q, directement proportionnelle à la différence $T - t$, sera donc moins forte qu'en été par une température de 20 à 25 degrés, par exemple, où cette différence dépassera 10 degrés. Il est évident que ces variations ne se font que dans des limites peu étendues, mais elles suffisent à changer la valeur de la quantité de chaleur dégagée, d'autant plus qu'elles sont encore multipliées par le facteur K S.

La loi de Newton peut donc s'appliquer à l'homme — à la condition d'interpréter la valeur de T dans le sens que nous avons indiqué — et cela, grâce à l'action régulatrice du système nerveux. Celui-ci, en effet, par la vaso-constriction ou la vaso-dilatation, suivant les cas, fait varier l'apport de sang à la périphérie, et, par suite, la déperdition de la chaleur produite par l'organisme.

Il doit exister probablement pour l'homme un optimum de radiation calorique; il n'a pas encore été déterminé, et sa mesure est, en effet, très délicate, vu toutes les influences qui agissent sur la déperdition de chaleur chez l'homme.

Cependant, après les recherches de Richet, qui a fixé à 14 degrés l'optimum de radiation calorique du lapin, Langlois a cru pouvoir donner 18 degrés comme valeur de cet optimum chez l'enfant.

Mais revenons aux résultats de nos expériences pour les interpréter.

Des chiffres que nous avons obtenus, il ressort que le rapport $\dfrac{Q}{S}$ est un nombre constant pour des sujets pris dans des conditions déterminées, et qu'il oscille, suivant la température, autour de la valeur 0,35. Ce nombre, que l'on a désigné sous le nom de production spécifique de la chaleur, et que M. Bordier a plus justement appelé la *puissance calorifique superficielle*, signifie que la quantité de chaleur dégagée, et, par conséquent, produite par l'homme en une heure correspond à 35o petites calories par décimètre carré de surface cutanée.

La constance de ce rapport permet donc de dire qu'il y a proportionnalité entre la quantité de chaleur produite par l'homme et la surface de son corps. Un homme dégage et par suite est obligé de produire une quantité de calorique d'autant plus intense que son corps à une plus grande surface.

Ce résultat vient à l'appui de ce qu'écrivait Bouchard en 1897, en exposant ses idées sur l'utilité des mesures des éléments statiques de l'homme : « La consommation fonctionnelle est proportionnelle à la surface du corps... Le kilogramme de substance active oblige chacun des décimètres carrés qui lui sont alloués à éliminer sa part des calories produites et inversement, chaque décimètre carré de surface oblige le kilogramme à dégager les calories qu'il élimine. »

C'est à fixer ce rapport entre la radiation calorique et la surface du corps qu'ont tendu nos recherches : il fallait d'abord les faire sur des sujets sains pour déterminer une valeur précise qui pût servir de point de comparaison. Mais on comprend tout l'intérêt qu'il y aurait à rechercher le rapport $\dfrac{Q}{S}$ à l'état pathologique.

Ce serait là, une donnée importante pour le clinicien, non-seulement dans les maladies de la nutrition, mais aussi dans les maladies fébriles, où ce rapport renseignerait sur la valeur de l'hyperproduction de calorique.

Il est à souhaiter que les mesures calorimétriques viennent remplacer les mesures thermométriques.

Les progrès réalisés dans la technique de ces opérations, ainsi que dans la mesure des surfaces, permettent maintenant l'application de ces procédés à la clinique.

CONCLUSIONS

I. Nos recherches ont eu pour but de déterminer la relation existant entre la radiation calorique et la surface du corps humain, rapport sur la valeur duquel on n'était pas encore fixé.

II. Pour la mesure de la quantité de chaleur dégagée par l'homme, nous nous sommes servi de l'anémocalorimètre de d'Arsonval, avec emploi de la méthode graphique, et étalonnage par le courant électrique.

III. Les mesures de surfaces ont été effectuées avec l'intégrateur de surfaces de M. le professeur agrégé Bordier, seul appareil permettant d'en obtenir la valeur exacte.

IV. Il résulte de nos expériences que le rapport $\dfrac{Q}{S}$ est un nombre constant pour des sujets pris dans des conditions déterminées. Ce rapport, que M. Bordier a appelé la *puissance calorique superficielle* oscille autour de 0,35 grande calorie - heure par décimètre carré de surface cutanée.

V La constance de ce rapport est la preuve qu'il y a
proportionnalité entre la quantité de chaleur produite
par l'homme et la surface de son corps.

BIBLIOGRAPHIE

Arsonval (d'), Calorimètre enregistreur applicable à l'homme (C. R. de l'Académie des sciences, Paris, 1885).

— Recherches sur la chaleur animale (Travaux du laboratoire de Marey, 1879, IV).

— Recherches de calorimétrie animale (Archives de physiologie normale et pathologique, 1890, XXII).

— L'anémo-calorimètre ou nouvelle méthode de calorimétrie humaine (Archives de physiologie, 1894).

— Recherches de calorimétrie (Journal d'anatomie et de physiologie, Paris, 1885).

— Perfectionnements de la calorimétrie animale (Bulletin de la Société de biologie, janvier 1894).

Arsonval (d'), Marey et Gariel, Traité de physique biologique, 1901, t. I.

Bordier (H.), Précis de physique biologique (collection Testut).

— Journal de physiologie et de pathologie générale, 15 septembre 1901 ; 15 janvier 1902).

— Lyon médical, janvier 1902.

Bergonié, Nouvelles mesures calorimétriques sur l'homme (Société de biologie, juin 1898).

Bergonié et Sigalas (Société de biologie, 1896).

Bonniot, Essai de calorimétrie clinique (thèse de Paris, juin 1900).

Bouchard, Les éléments statiques du corps (Semaine médicale, 1897, p. 89 et 141).

LANGLOIS, Contribution à l'étude de la calorimétrie chez l'homme
(Travaux du laboratoire de physiologie de Ch. Richet,
Paris, 1893, 1, p. 147, 279).
— Article : Calorimétrie animale du Dictionnaire de physio-
logie de Richet, t. II, p. 405.
— Journal d'anatomie et de physiologie, juillet 1887.
— C. R. de l'Académie des sciences, CIV, 12, 860.
LAULANIÉ, Éléments de physiologie. Société de biologie, 1898.
LEFÈVRE, Nouvelle méthode de calorimétrie animale (Archives
de physiologie, 1895, p. 443).
— Archives de physiologie, 1897, p. 7.
— Société de biologie, 1894, p. 450; 1895, p. 366 et 559;
1896, p. 317.
MORAT et DOYON, Traité de physiologie, chaleur animale, t. I.
RICHET, La chaleur animale, Paris, 1889.
— Article : Chaleur, du Dictionnaire de physiologie, t. III,
p. 81.
— Recherches de calorimétrie (Archives de physiologie,
1885, p. 237, 450).
— Observations calorimétriques sur les enfants (C. R. de
l'Académie des sciences, 1885, p. 1602).
WALLER, Physiologie humaine, p. 312.

TABLE

Lyon. — Imp. A. Rey. 4. rue Gentil. — 28539.

201